AF602851

PRIX

PROPOSÉ PAR

LA SOCIÉTÉ D'AGRICULTURE ET DE COMMERCE

DE CAEN,

POUR

LA FABRICATION DES CIDRES,

DES POIRÉS ET DES EAUX-DE-VIE

EN NORMANDIE.

SOCIÉTÉ ROYALE
D'AGRICULTURE ET DE COMMERCE
de Caen.

PRIX

PROPOSÉ POUR

LA FABRICATION DES CIDRES, DES POIRÉS
ET DES EAUX-DE-VIE,

EN NORMANDIE.

CAEN,

IMPRIMERIE DE FÉLIX POISSON, RUE FROIDE, 18.

1841.

DE L'ÉTAT ACTUEL

DE

LA FABRICATION DES CIDRES,

DES POIRÉS ET DES EAUX-DE-VIE,

EN NORMANDIE,

Et de l'opportunité de mettre au concours la recherche des perfectionnements dont ces boissons sont susceptibles,

PAR

M. DECOURDEMANCHE.

Mémoire lu dans la Séance de la Société du 19 juin 1840.

MESSIEURS,

Vous avez, depuis quelques années, appliqué votre sollicitude à obtenir du Gouvernement et du Conseil-Général du département, des secours en argent, pour fonder des prix et distribuer des médailles d'encouragement à ceux de nos éleveurs et cultivateurs qui donnaient des preuves effectives de leur aptitude et de leur intelligence en se signalant dans les concours que vous avez établis pour le labourage, l'ensemencement des terres et leur amendement; il ne s'agit plus que de maintenir cette émulation et ce désir de perfection que vous obtenez chaque année, puisque chaque année le nombre des concurrents augmente.

Vous avez également obtenu d'excellents résultats de la fondation des primes pour le plus beau bétail du pays, en y ajoutant, ainsi que beaucoup d'entre vous l'ont proposé, des races nouvelles, susceptibles d'être croisées avantageusement; vous complèterez insensiblement ce système d'amélioration que l'on considère avec raison comme la source de richesse la plus productive.

Plusieurs de nos collègues vous ont communiqué des mémoires ou des observations sur les chevaux, dont le mérite et l'utilité sont appréciés par les hommes qui peuvent se prononcer avec impartialité sur cette science, science qui s'élève ou s'obscurcit suivant les lumières ou la sincérité de ceux qui en parlent. Ces mémoires ont été la cause plus ou moins directe des primes votées par le Conseil-Général du département, et du concours le plus effectif, celui des Courses, institution dont vous devez les bons succès aux soins actifs de M. Lair, votre Secrétaire, et ce doit être une satisfaction pour nous de les voir aujourd'hui sous la protection spéciale du Gouvernement.

Vos efforts en faveur de la fabrication du sucre de betterave ont été moins heureux; vous ne pouviez croire que cette industrie serait en quelque sorte arrêtée dans son essor par la création d'un impôt qui devait, par supposition, rétablir l'équilibre dans les revenus du trésor, et maintenir la valeur des créances sur les propriétés coloniales. C'est une expérience dont nous devrons profiter pour l'avenir, en ne recommandant des industries qu'autant qu'elles ne pourraient compromettre les intérêts de ceux qui entreprendraient de s'y livrer.

Il est une industrie dont l'origine, quoique fort ancienne, est étrangère au pays, puisqu'elle nous a été importée d'Espagne, qui est restée en quelque sorte vierge des perfectionnements qu'elle pouvait recevoir: c'est celle de la fabrication des cidres et des poirés. L'importance financière, commerciale et domestique de ces boissons, est cependant considérable, puisqu'elle est dans toute la Normandie et une grande partie de la France, un des principaux revenus des propriétés territoriales, et d'un usage journalier plus complètement réparti entre les diverses conditions de fortunes, que le vin.

Beaucoup de personnes ont écrit sur ce sujet; si je donnais ici la liste des ouvrages sur cette matière, cette liste serait assez longue; tous sont anciens pour la plupart et ne contiennent que des dissertations sur la culture du pommier, ou des procédés de pressurage, soutirage, conservation, etc., purement pratiques. Personne, jusqu'à ce jour n'a publié sur ce sujet un traité spécial, fondé sur des expériences analytiques, et sur la véritable nature de la fermentation du moût de pommes et de poires. (1). Quel que soit le mérite des moyens pré-

(1) M. J. Girardin, professeur de chimie à l'école municipale de Rouen, a publié en 1834 des observations sur la culture du poirier Saugier, suivies de considérations générales sur la fabrication des cidres. Il annonce dans ce mémoire qu'il se propose d'examiner cette industrie d'une manière plus large, et proportionnée à l'importance du sujet. Nous désirons bien sincèrement que notre manière d'envisager cette question concorde avec la sienne, et qu'il seconde nos intentions en prenant part au concours que nous proposons.

conisés dans quelques-uns de ces ouvrages: ils ne peuvent être admis comme bons, qu'autant qu'ils seront confirmés par la science, c'est donc à l'expérimentation chimique qu'il faut recourir pour avoir une étude complète et rationnelle des espèces de pommes et de poires, propres à la préparation des boissons appelées cidres, lorsqu'elles proviennent des fruits du pommier et poiré, si elles sont le résultat de la fermentation du jus ou moût de poires. Je dis qu'il faut recourir à l'expérimentation analytique, parce que nous ne connaissons ni la nature chimique exacte des fruits du pommier à cidre et du poirier à poiré: 1° au moment de la cueille ou abattage; 2° au moment où, par le repos en magasin, ils ont acquis le degré de maturité convenable pour être mis en pressurage; que nous n'avons jusqu'à ce jour que des probabilités sur la composition du moût et sur les phénomènes de la fermentation; que rien n'a été écrit sur les conditions déterminées qu'il faut observer pour la bien diriger; enfin, que les cidres eux-mêmes n'ont pas été examinés.

Si la fermentation alcoolique ou vineuse était elle-même bien connue, il serait facile d'y rattacher celle du cidre et des autres boissons en général ; mais cette étude qui est en quelque sorte à l'ordre du jour depuis bien des années, n'est pas encore arrivée à un état de certitude suffisant, et il serait possible que celle du jus de pommes qui, ainsi que je le dirai plus loin, aurait peut-être besoin d'être activée ou déterminée par l'addition de substances étrangères, servit à mettre sur la trace d'une théorie exacte et définitive de la fermentation saccharine ou alcoolique.

Vous pressentez déjà, Messieurs, quel est le but que je me propose en vous esquissant légèrement quelques-unes des nécessités de l'étude de la fabrication des cidres. Ces nécessités sont tellement impératives, qu'elles commandent les moyens qu'il faut employer pour sortir du cercle des probabilités et arriver à quelque chose de vrai, car le vrai seul est stable et réellement utile. C'est une arène d'expérimentation que je vous propose d'ouvrir, c'est un concours où nous appellerions tous les chimistes, que je vous propose de fonder. Le sujet exige de l'aptitude, du zèle, une grande sagacité d'observation ; il faut plus que de l'analyse pratique pour le bien traiter et lui donner tous les développements dont il est susceptible.

En adoptant cette proposition, Messieurs, vous entrerez complètement dans les vues du Gouvernement et des Conseils Généraux des départements qui sont des divisions de nos provinces de Normandie; ils vous ont déjà donné des preuves de leur sollicitude pour tout ce qui peut accroître et perfectionner nos industries et notre agriculture, ces mères nourrices de la richesse publique; mais quel que soit leur empressement à accorder des fonds pour encouragements ou fondations de prix, ils ne doivent employer les ressources dont ils peuvent disposer qu'avec la certitude qu'il y a utilité publique à le faire. Placés au centre de la contrée où la culture du pommier est en quelque sorte une nécessité, c'est un devoir pour nous de nous enquérir des objets sur lesquels il y a lieu d'appeler leur attention; celui dela fabrication des cidres pourrait se passer d'une justification détaillée, mais je pense que l'on ne peut bien fixer l'objet et le mérite d'un concours qu'en constatant ce qui est, pour savoir ce qui devrait être. Du reste, la valeur des prix qu'il me paraît nécessaire d'accorder est assez élevée, pour que j'éloigne minutieusement toute supposition d'équivoque, et l'on ne pourra bien juger toute ma pensée et la forme que j'entends lui donner, que lorsqu'elle sera un peu plus développée.

En conséquence :

Il me paraît d'abord nécessaire de vous retracer ici quel est l'état actuel de la fabrication du cidre et du poiré, dans le département du Calvados plus particulièrement. Je le ferai en élaguant autant que possible ce qui pourrait paraître une critique importune de ce qui se fait généralement : toutefois j'indiquerai ce que je désapprouve et ce qu'il serait possible d'y substituer. En agissant ainsi, je crois, non pas être indulgent, mais n'être que juste. Si la fabrication des cidres était dans le domaine de l'industrie manufacturière, j'aurais le droit d'être sévère ; mais c'est une industrie privée et traditionnelle, dont on reçoit la transmission au foyer domestique, que je trouve bien placée sous le rapport économique, et que je désire seulement faire perfectionner en cherchant sincèrement le meilleur moyen d'éclairer ceux qui la pratiquent.

La fabrication des cidres se divise, 1° en choix ou récolte des fruits ; 2° division ; 3° pressurage ; 4° fermentation ; 5° soutirage ; 6° conservation ; 7° remiages ou petits cidres. Je laisse de côté ce qui concerne l'histoire naturelle du pommier, sa culture et ses diverses variétés, afin de dégager l'étude des cidres de tout ce qui ne lui serait pas directement utile, comme manutention. Il y a certainement un traité fort intéressant à faire sur ce sujet, mais je pense qu'il ne faut pas accoupler deux choses qui peuvent être étudiées séparément.

Le choix et la récolte des fruits, soit pommes, soit poires, ne sont pas l'objet de soins bien minutieux : peut-être serait-il préférable de les cueillir, au lieu de les gauler; on causerait moins de dommage au fruit et à l'arbre. La cueille à la main serait assez difficile, mais la cueille au moyen d'une espèce de réceptacle en bois fixé au bout d'une gaule n'est pas impossible. On ramasse donc simultanément les espèces dites de primeurs, et ensuite celles dites tardives; on fait avec les premières un cidre qui se garde peu, et avec les secondes du cidre plus riche en alcool et qui se garde conséquemment plus long-temps. Je ne sais pas s'il y aurait un grand intérêt à faire un triage des fruits en général. Cependant après avoir constaté par l'analyse quelle est la richesse en sucre des espèces les plus prisées, on aurait une donnée certaine, d'après laquelle on pourrait justifier une préférence en faveur de telle espèce comparativement à telle autre. Toutefois il ne faudrait pas borner cet examen aux fruits d'un même solage, car il est probable que des espèces acquièrent plus de qualité dans un terrain que dans un autre. On pourrait alors, en tenant compte comme renseignements, des observations pratiques déjà recueillies à cet égard, former une classification des fruits à cidre, d'après leur composition, comparée à celle par espèce et par solage. Cette classification ne devrait pas être aussi infinie que le comporterait toutes les variétés de fruits; elle devrait se borner à celles reconnues généralement pour être les plus riches en bons produits et qui peuvent être mélangées avec avantage pour le pressurage. Car, je crois la pratique des mélanges bonne en soi, et par l'analyse, on connaîtra positivement les espèces qu'il faut exclure, et celles qu'il faut propager (1).

La cueille terminée on les réunit en tas généralement trop considérables, quelquefois on les laisse fort long-temps dehors; si les fruits sont récoltés trop tôt ils pourrissent, s'ils ont été abattus suffisamment murs,

(1) Je ne répèterai pas continuellement les mots pommes et poires, pommier et poirier, tout ce qui s'applique à l'un pouvant également s'appliquer à l'autre dans la plupart des cas.

quelques-uns *blossissent* ; on faisait ainsi hier, on fait encore de même aujourd'hui, on ne songe pas à faire autrement et mieux demain, parce qu'on ne soupçonne pas que les plus petites négligences causent des mécomptes irréparables. J'ai cependant observé que dans une grande partie du Pays d'Auge, on enmagasine les fruits durs ou tardifs avec plus de soin qu'autrefois, et que la maturation s'opère sans échauffement en divisant les tas.

C'est sur la maturation qui s'opère pendant ce repos des fruits que l'on a le plus écrit et que l'on s'est le moins entendu. Les uns ont recommandé de prolonger le repos jusqu'à ce qu'une faible partie des fruits ait acquis la détérioration que l'on appelle blossissure ; d'autres ont vivement attaqué cette opinion, quelques faits dans certaines contrées ont été invoqués en faveur du blossissement, et cependant, il est indubitable que la blossissure est une détérioration; qu'elle diminue la richesse saccharine des fruits et conséquemment nuit à la fermentation des jus. D'après les intéressantes recherches de MM. Couverchel, Bérard, et autres, on sait que les fruits à pépin murissent après la cueille, que la proportion du sucre s'accroit au dépens de l'acide et de la gomme; mais qu'en passant au blossissement le sucre disparaît, en se décomposant et qu'il se forme d'autres combinaisons. Je crois le blossissement des fruits nuisible à la fermentation : il est donc indispensable de constater les diverses phases de la maturité, et le point qui sépare cette maturité absolue de la blossissure, et enfin de la pourriture qui est le dernier terme de la décomposition des fruits charnus; de constater également s'ils contiennent tous les éléments d'un moût parfait, c'est-à-dire si la proportion relative de l'acide, de la gomme et du sucre sont toujours dans un rapport suffisant.

La division des fruits que l'on pourrait désigner par le mot pilage, s'effectue à peu d'exceptions près, dans des moulins à auges dans lesquels on fait promener une meule, jusqu'à ce que les fruits soient suffisamment et à peu près uniformément écrasés. Ces moulins sont ou en bois, ou en granit, ou en pierre calcaire dure; on prétend qu'avec les premiers on obtient un cidre plus délicat qu'avec les seconds, qu'il n'est pas nécessaire d'obtenir une division absolue de la chair des fruits; que lorsque les pépins sont attaqués, l'huile essentielle qu'ils contiennent exsude et se mêle au jus : que cette huile rend les cidres âcres, et suivant quelques personnes plus capiteux ; cette dernière propriété est-elle un effet de l'huile essentielle, ou bien ces cidres sont-ils plus riches en alcool ? Vous voyez, Messieurs, que toujours on vient se heurter à des suppositions ; qu'il y a encore ici un doute à remplacer par une certitude.

On a proposé de remplacer les moulins à auges, par des moulins à noix en fer, ou par des râpes qui exigent moins de place, et divisent les fruits plus uniformément. Je pense que la science du mécanicien pourrait perfectionner les moulins à pommes ; mais j'hésiterais à conseiller d'y substituer des râpes, dont les lames sont en fer attaquable par l'acide des fruits. Avant d'engager nos cultivateurs à changer leur matériel, il faut prévoir tous les inconvéniens qui naîtraient du repos absolu des instruments pendant 8 mois de l'année ; et celui de l'oxidation des fers et aciers me paraîtrait un motif suffisant de rejet.

Les presses sont insuffisantes et sujettes à des réparations fréquentes, les pièces en bois qui les composent sont encombrantes, elles sont lentes à faire mouvoir; il y a perte de temps et de produit à les laisser telles qu'elles sont en général. Il me paraît facile de trouver un système de presse, dont les principales pièces seraient en fonte, les tabliers en bois, et le fonctionnement facile, même avec une seule force d'homme.

Tous les cultivateurs ajoutent de l'eau aux fruits pendant le pressurage et ils accordent généralement la préférence aux eaux des mares; ils affirment que la fermentation s'effectue mieux avec cette eau, qu'avec celle des puits. Lorsqu'une observation est générale, on ne doit pas la contredire légèrement; cependant cette coutume est en opposition avec celle que M. Dumbrunfault a observée chez les Hollandais, lesquels font creuser des puits pour avoir de l'eau légèrement calcaire, et y font au besoin jeter des moellons de pierre calcaîre si elle ne l'est pas suffisamment; ils assurent qu'avec de l'eau privée de sous-corbonate de chaux la fermentation est irrégulière et que le produit en alcool est beaucoup plus faible. Ce désaccord tient-il à une différence dans la nature et la quantité des sels contenus dans l'eau des puits de nos pays, ou bien à l'aëration des eaux des mares. Il y a à cet égard une cause à constater : mais en attendant que la science y ait pourvu, on peut dès à présent blâmer l'emploi des eaux vaseuses, provenant de mares voisines des dépots de fumier, remplies de feuilles sèches et de fucus, qui ne peuvent convenir sous aucun rapport.

Le moût ou jus des pommes est ordinairement introduit dans des tonnes fort grandes, où on le laisse fermenter ; c'est ici que les négligences , et les méthodes vicieuses se pratiquent et varient en raison des préjugés reçus. Ceux qui laissent la fermentation s'opérer librement, sans intermède, sont les plus sages ; s'ils consentaient à faire établir des doubles portes et des moyens de ventilation dont on userait à volonté, ce serait déjà un avantage ; les variations de température du dehors ne viendraient pas ralentir ou arrêter la marche de la fermentation. C'est particulièrement pour les cidres obtenus des pommes tardives que ces conditions d'abri contre les effets du froid sont désirables ; car les poires sont souvent récoltées au commencement du mois de novembre dont la température protège la fermentation, et alors on a des poirés dont l'alcoolisation ne laisse rien à désirer. Quant aux cidres provenant des pommes de primeur, ils sont généralement médiocres, et ne peuvent se garder long-temps : cela tient à la mauvaise nature des fruits.

J'ai dit que dans l'état actuel des choses, les celliers ou pressoirs mal clos, étaient exposés aux influences extérieures de température. La raison en est simple ; c'est qu'il n'y a peu de cultivateurs qui sachent, ou auxquels on ait appris qu'en dehors de certaines conditions thermomètriques, la fermentation des moûts est ou trop prompte, ou trop lente, et que lorsqu'elle est interrompue soit par cette cause, ou par une cause accidentelle, elle ne recouvre jamais son action régulière.

Il faudrait en conséquence indiquer quelles seraient les meilleures dispositions à donner aux celliers, et comment on pourrait les chauffer au besoin. Il faudrait également démontrer les avantages de l'emploi du thermomètre et de l'aréomètre; on se familiariserait bien vite avec ces instruments, dès que l'on saisirait le parti avantageux que l'on pourrait en tirer.

Les fûts dans lesquels on met à fermenter le moût de pommes et de poires sont par l'ouverture supérieure en contact avec l'air; l'action de l'air est nécessaire pour déterminer la fermentation; mais, dès que la fermentation est en marche régulière, cette action est sans effet utile, et même elle peut être nuisible, ainsi que cela a été constaté pour les vins. On pourrait éviter cet inconvénient, en plaçant sur la bonde un syphon, ou un instrument analogue qui permettrait le dégagement des gaz, et s'opposerait à l'introduction de l'air atmosphérique.

Si j'attribue l'imperfection des cidres aux causes que j'ai déjà citées ou fait entrevoir, avec tout le laconisme que je me suis prescrit, je dois m'empresser d'ajouter qu'il en est d'autres qui tiennent à l'insuffisance de la science sur la nature et les véritables transformations qui s'opèrent, pendant la fermentation des liqueurs vineuses en général, et des cidres ou poirés en particulier. Ces transformations varient, en raison des espèces de fruits, et de leur état de maturité; il serait fort important de rechercher si l'on pourrait agir efficacement sur les moûts de pommes, comme on l'a proposé pour le moût de raisin, lorsque, la saison ayant été constamment froide et pluvieuse, la maturation est restée imparfaite.

Jusqu'à ce jour on n'a préconisé pour les cidres que des moyens empyriques qui ne méritent pas que je les cite ici. Il en est un cependant, et c'est le plus ancien, qui présente quelqu'intérêt: il consiste à faire rapprocher du cidre doux en consistance de sirop, et à ajouter ce sirop au moût de pommes dont il enrichit la proportion saccharine. Cette méthode me paraît bien supérieure à celle indiquée par M. Chaptal pour les vins. En ajoutant du sucre de canne au moût de raisin, on y introduit un sucre qui diffère essentiellement de celui du raisin; tandis qu'en y introduisant comme pour le cidre, du sirop de raisin, on rentrerait davantage dans les conditions naturelles.

Presque tous ceux qui s'occupent de chimie, savent que, lorsque les fruits ne mûrissent pas bien, cela tient à des causes atmosphériques, et alors ainsi que je l'ai déjà dit, la richesse saccharine ne se complète pas; les éléments aux dépens desquels elle se forme restent à l'état élémentaire. Si ces fruits sont acides, la proportion de celui-ci domine celle du sucre, et les jus sont acides; si l'acidité est faible, ce sera alors la gomme qui prédominera, les jus seront visqueux, et les boissons resteront troubles, signe certain d'une mauvaise fermentation.

M. Thierry, notre collègue, s'est occupé il y a quelques années, vers 1828, des moyens de protéger la fermentation par intermède; il a observé que l'addition du ferment de bierre activait la fermentation et que les jus effectuaient leur départ avec plus de régularité que sans cette addition. Guidé par plusieurs remarques, et par certaines vues théoriques, M. Thierry a tenté une modification d'un autre genre: celle de neutraliser l'inconvénient d'un excès d'acide, en ajoutant à du moût de pommes, un sel qui pût remplir l'office de faible alcali. Il fit en conséquence dissoudre une faible quantité de tartrate de potasse dans de l'eau et introduisit cette solution dans un tonneau de jus de pommes pressurées de la veille. Cette addition eut tout le succès qu'il s'en était promis, le cidre devint clair, coloré, moins acide, et plus riche en alcool que celui récolté et fabriqué dans le même moment par son fermier (1).

Un propriétaire du Pays d'Auge m'ayant demandé s'il n'y aurait pas moyen d'assurer la couleur du cidre et de l'obtenir constamment clair, je lui donnai quatre kilogrammes de tartrate de potasse, qu'il devrait mettre dans quatre tonneaux de mille litres environ. Il résulte du rapport qui me fut envoyé, près d'une année après, que sur douze tonneaux de cidre, quatre avaient été choisis et marqués par ce propriétaire à l'insu de ses ouvriers, qu'il avait mis dans chacun de ces quatre tonneaux, un peu avant la fermentation, un kilogramme de tartrate de potasse dissous dans quelques litres d'eau. Que

(1) M. Thierry a dû, je crois, donner dans son cours de chimie des détails sur cette expérience, toutes les fois qu'il a eu occasion de parler des cidres.

ces quatre tonneaux avaient fermenté un peu plus promptement que les autres, mais que la différence n'avait pas été assez appréciable pour que les personnes qui ignoraient ce qui avait été fait aient pu s'en apercevoir; que ce n'est qu'au fur et à mesure de la consommation que l'on a pu apprécier la différence de qualité; et elle était si évidente que les gens de la ferme ne pouvaient s'en rendre compte. Malgré ce succès le propriétaire n'a pas renouvelé cette addition ; ceci prouve combien il est difficile de faire persister dans le mieux. Pour y parvenir, il ne faut pas seulement persuader, il faut convaincre.

Le fait que je viens de vous rapporter, établit que cette addition est encore bonne, lorsqu'elle est faite après le pressurage. Mais ce qui le prouve absolument, c'est celui-ci : un propriétaire de Clécy m'écrivit en 1831 qu'il avait deux tonneaux de poiré qui, ayant mal fermenté, à cause de la rigueur du froid pendant le pressurage, étaient restés complètement troubles; que voulant éviter sa transformation en vinaigre, il me priait de lui indiquer un moyen de l'éclaircir et d'assurer ensuite sa conservation. Je lui adressai deux bouteilles contenant chacune un kilogramme et demi de tartrate de potasse pour chaque tonneau de quatorze hectolitres, en lui indiquant comment il devait mélanger chaque bouteille de solution avec le poiré. Environ un mois après, cette personne m'adressa ses remerciments, et m'apprit que le poiré avait éprouvé une fermentation lente, qu'il était devenu très clair et très fort.

Je pourrais vous faire d'autres citations, mais celles-ci sont les plus positives et me paraissent suffisantes pour établir que le domaine de l'expérimentation s'agrandit à mesure qu'on pénètre plus intimement dans toutes les parties de ce sujet intéressant et que des études précises sur la fermentation des moûts à cidre sont indispensables comme préliminaires d'une méthode de fabrication des cidres en général.

Je pense que pour mettre de l'ordre dans l'examen des moûts on pourrait les diviser en trois classes : la première comprendrait les moûts provenant des pommes tardives ou dûres et qui acquièrent par le repos un état de maturation assez complet; on le désignerait par moût normal. Si l'analyse et l'observation établissent que ce moût contient tous les éléments nécessaires à une bonne fermentation, et qu'elle peut s'effectuer sans intermède en maintenant dans les celliers une température de 10 à 12° centigrades, il n'y aura à prescrire que les soins éclairés que le pressurage exige, et ces soins ne seront plus seulement fondés sur l'habitude pratique, mais appuyés sur des faits positifs. S'il y a des additions à faire, telle que celle du ferment de bière elles devront être indiquées avec précision, et justifiées, car sans justification expérimentale, tout rentre dans le doute.

La seconde classe serait celle des moûts acides. Il faudrait étudier avec soin les effets réels de l'addition du tartrate de potasse, car, ce que j'en ai dit, ne justifie pas suffisamment le mérite de l'emploi de ce sel, en ce sens que les cidres ne contiennent pas tous les éléments du tartre comme le moût du raisin ; c'est pourquoi je considérerais dès à présent l'addition du tartrate de potasse dans le moût de raisin imparfaitement mur, comme très rationnel et bien préférable à l'addition du sucre ; parce que le tartrate de potasse devant, par supposition, y rencontrer de l'acide tartrique ou ses éléments, se transformerait en tartrate acide de potasse qui se précipite en partie par le repos, mais qui dans cette circonstance, contribuerait à augmenter la proportion relative du sucre dans le moût, en neutralisant l'acide en excès. Il ne serait donc pas impossible que le prix que je désire faire fonder pour l'étude des cidres servit à perfectionner la fermentation des vins de mauvaise année. Il y aurait une source de richesse nationale dans cette indication si elle venait à être confirmée par l'expérience.

Je range dans la 3e classe les moûts obtenus des fruits tombés et de primeur dans lesquels je suppose le sucre et l'acide en proportion relative inférieure à celle de la gomme. Je pense que, quant à présent, le moyen le plus direct est celui de la coction avec ou sans addition d'un acide. On sait que l'on transforme les pommes de terre et les fécules ou matières sucrées en les faisant chauffer dans de l'eau acidulée par l'acide sulfurique. Il serait possible que des fruits qui, jusqu'à ce jour, n'ont donné que des boissons médiocres, acquissent par ce moyen une valeur assez grande; la gomme serait changée en sucre fermentescible; et, si le produit était peu goûté comme boisson, l'extraction de l'alcool par la distillation donnerait toujours une liqueur d'un écoulement avantageux.

Tout ce qui se rapporte à la fermentation du moût des pommes et des poires, est d'un intérêt scientifique et économique d'un ordre très-élevé. Il faudra beaucoup d'érudition pour saisir tout ce qui s'y rattache, de la sagacité et de la persévérance pour expliquer les faits et les appuyer par des preuves.

Le soutirage est diversement compris par

les cultivateurs, presque tous évitent de l'exécuter. Ils prétendent que le cidre se conserve mieux sur lie, tant qu'il est sur place. Je me contente de citer le fait, n'ayant aucun renseignement pour l'approuver ou le contredire. Cependant, il me paraît probable que le soutirage doit avoir des avantages sur la méthode contraire.

La conservation des cidres rentre également dans la pratique, et je pense que les grandes tonnes sont préférables aux petites, parce qu'elles sont moins accessibles aux variations atmosphériques. Si on a conseillé l'usage des petits tonneaux, ce ne peut être que pour la portion de boisson consacrée à la consommation journalière, sans quoi un semblable avis serait sans utilité.

Il existe des cidres qui, lorsqu'ils sont en vidange ou exposés à l'air dans une carafe, se colorent en quelques instants, on dit alors que le cidre *se tue*. M. Vauquelin avait, je crois, tenté de donner une explication de ce fait, j'ignore si elle a été consignée quelque part. Je pense que ces cidres rentrent dans la classe de ceux provenant des fruits où la gomme est restée sans transformation en sucre ; il est également supposable que l'introduction des fruits gâtés pourrait y contribuer, et que l'insuffisance de l'acide favoriserait la formation d'un peu d'ulmine. Je dois cependant ajouter qu'il y a des terrains où les fruits donnent constamment des cidres qui se tuent, lesquels ont toujours un arôme particulier, et un goût plat.

Les remiages ou remaniages ou petits cidres, sont préparés avec les marcs que l'on repasse au moulin avec de l'eau. Cette préparation n'est possible que parce que le pressurage est fort incomplet. Avec des presses plus parfaites on obtiendrait directement tout le jus qui existe dans les fruits, et les remiages ne figureraient plus dans la récolte que comme accessoire, tandis que dans l'état actuel, ils absorbent une grande partie des frais de manutention. On pourrait dans le cas de pression absolue, remplacer l'usage de repasser les marcs avec de l'eau, par celui usité depuis quelques années. Il consiste à écraser les fruits à la manière ordinaire et sans eau, à mettre la pulpe sur une toile posée et attachée sur l'ouverture d'un cuvier rempli d'eau. L'eau en se saturant du suc de pommes effectue un mouvement de précipitation et d'ascension qui renouvelle les parties non saturées; en 3 ou 4 jours la pulpe de pommes se trouve complètement épuisée. On laisse fermenter lentement, et l'on met en tonneau. Cette boisson est très agréable et se garde bien. Il ne se forme jamais de lie. On pourrait remplacer le cuvier par un tonneau n'ayant qu'un seul fond.

J'ai cherché à vous démontrer Messieurs, que les méthodes employées jusqu'à ce jour, sont insuffisantes, pour faire acquérir aux cidres toutes les qualités dont ils paraissent susceptibles d'après la richesse saccharine appréciable des jus extraits des meilleurs espèces de pommes et de poires, que pour se diriger avec méthode dans cette étude, il faut être nécessairement fixé, par l'analyse, sur la composition des fruits et du moût, avant de chercher à pénétrer dans les phénomènes de la fermentation ; que cette étude exigera du temps, des déplacements, et un travail de rédaction assez étendu. Pour que la récompense soit proportionnée à l'importance du travail que ce sujet exige, je pense qu'une somme de six mille francs est convenable ; que cette somme pourrait être demandée à M. le ministre de l'intérieur; qu'une somme de 2,500 francs devrait être accordée par les conseils généraux des départements de la Normandie et des provinces où la culture du pommier se généralise, pour récompenser le travail de l'auteur du traité qui contiendrait le plus grand nombre de faits intéressants après celui qui aurait mérité le premier prix.

Mon but serait imparfait, si j'omettais de

vous parler de la distillation des cidres; cette industrie est considérable, et cependant, elle est dans un état complet d'infériorité, on pourrait presque se permettre de dire qu'elle est encore à l'état sauvage, en la comparant à celle des autres contrées de la France où la distillation à feu nu est, depuis un grand nombre d'années, remplacée par la distillation à la vapeur d'eau, avec laquelle on obtient directement, et à un degré dont on peut déterminer la force, tout l'alcool contenu dans une liqueur fermentée. Lorsqu'on vient à goûter les eaux-de-vie de cidre préparées par les ouvriers appelés bouilleurs, on ne conçoit pas comment on savoure une semblable liqueur. Il peut bien exister quelques tonneaux de vieille eau-de-vie à laquelle le temps a fait perdre le goût âcre, empyreumatique qui caractérise les eaux-de-vie ordinaires; mais c'est une exception, et l'on ne peut douter que l'exception ne devint la règle, si l'on remplaçait la chaudière informe qui sert à brûler (1) tous les cidres détériorés, par un appareil simple, facile à dresser et à démonter, afin de pouvoir le transporter au besoin de ferme en ferme. Il faudrait en outre, qu'il

(1) Brûler est le mot reçu, et il faut reconnaître qu'il est caractéristique.

fût d'un prix peu élevé, son fourneau d'une construction prompte et économique. J'ai pensé qu'un prix séparé de mille francs pour cet appareil serait suffisant, et l'on indiquerait dans le programme de ce concours les conditions qu'il faudrait absolument remplir pour le mériter.

Je terminerai cet exposé par une considération à laquelle j'attache quelqu'importance. Je me suis demandé si l'on devait laisser pleine carrière aux concurrents, ou leur tracer des limites dans lesquelles ils devraient se renfermer. Je pense qu'il en est une que nous devons recommander et même exiger au besoin, c'est celle de conserver à l'industrie des cidres son caractère agricole et domestique.

S'il est généralement reconnu que les grandes découvertes sont ou une émanation instantannée, ou une élaboration lente de la liberté de la pensée, et que les auteurs doivent rester libres de déterminer la forme et les moyens de les matérialiser, il faut reconnaître aussi que, très souvent, les créations nouvelles détruisent des industries partielles ou de ménage, qui, peu brillantes en apparence, sont cependant un moyen de répartition de bien-être local qu'il faut conserver; qu'en substituant des manufactures à des manutentions de famille, on déplace la richesse sans l'augmenter.

Il me paraît inutile de vous citer des exemples; on pourrait les prendre pour une critique qui n'est pas dans ma pensée ; mais en en reportant ces réflexions sur la fabrication des cidres et des poirés, il me paraît hors de doute que ce serait un mal de la centraliser. En outre la centralisation de la préparation des cidres dans des fabriques ou brasseries, aurait un autre inconvénient, celui de produire tous les mauvais effets de la concurrence, c'est-à-dire la falsification; la concurrence est une lutte qui oblige à produire beaucoup aux dépens de la qualité réelle, où la moralité et la salubrité sont impitoyablement sacrifiées; les bons effets de l'émulation qui portent à perfectionner avec plus ou moins de lenteur seraient alors détruits à l'avance; et ce serait faire un mauvais emploi des fonds destinés au prix, si on l'accordait à un traité dont la conclusion serait de créer des fabriques centrales. J'ajouterai à l'appui de cette opinion, qu'il serait même impossible de distraire nos cultivateurs de l'habitude de préparer leurs boissons; que cette habitude est tout-à-la-fois une nécessité et une économie matérielle salutaire.

Pour la distillation, je pense, quoique d'une manière moins absolue, qu'elle doit s'effectuer sur les lieux de production, c'est-à-dire par commune, lorsqu'il n'y aura pas de ferme assez plantée de pommiers et de poiriers, pour entretenir pendant deux mois, un appareil de distillation. C'est pourquoi je demande un appareil facile à monter, démonter et transporter; les frais de déplacement des cidres ne seraient pas très souvent compensés par les produits, si l'on établissait de grandes distilleries comme en Flandre, en Hollande et dans le midi de la France : conséquemment il est préférable de faire voyager le distillateur.

Me voici, Messieurs, arrivé à la fin de cet exposé qui, tout imparfait qu'il est, sera j'en suis persuadé, accueilli par vous, à cause de l'intérêt du sujet. Si vous pensez qu'il y a lieu de solliciter de M. le ministre de l'intérieur, la fondation du prix de six mille francs, pour le meilleur traité théorique pratique sur la fabrication des cidres et des poirés, je soumettrai à la commission que je vous prie de désigner, un projet de programme pour ce premier concours et pour celui relatif à l'appareil de distillation. J'ai parlé d'un second prix, j'ai tout lieu de croire que vous l'obtiendrez des conseils généraux des départements, dans lesquels la culture du pommier est une des principales richesses foncières.

RAPPORT

D'UNE COMMISSION

Composée de MM. GERVAIS et THIERRY, rapporteur,

SUR UNE

PROPOSITION DE M. DECOURDEMANCHE

De mettre au Concours la recherche des perfectionnements dont est susceptible la fabrication des Cidres, des Poirés et des Eaux-de-Vie en Normandie.

Messieurs,

C'est avec un vif intérêt que vos commissaires se sont occupés de la communication faite à la Société par M. Decourdemanche, relativement aux prix qu'il propose de décerner à l'auteur du meilleur traité sur la fabrication des *cidres* et des *poirés*, ainsi qu'à l'inventeur d'un appareil simple, en quelque sorte d'usage domestique, applicable à la distillation de ces liquides spiritueux.

Les remarques judicieuses renfermées dans le mémoire de notre collègue nous ont semblé tellement justifier son vœu et motiver sa proposition, que sans peser ni discuter les vues scientifiques et économiques du mémoire, nous nous bornerions ici à vous soumettre un premier projet de programme, s'il ne nous avait paru convenable d'énoncer d'abord explicitement notre pensée, afin de bien convaincre les concurrents du but véritable des travaux qu'on leur demande, et de l'esprit dans lequel ils doivent les entreprendre.

Déjà, Messieurs, un grand pas serait fait si nous possédions une théorie complète de la fermentation vineuse, dans les circonstances les plus simples, c'est-à-dire dans le seul contact de l'eau, du sucre et du ferment. Toutes les conditions nécessaires, plus ou moins immédiates de ce phénomène étant parfaitement connues, discernées, appréciées à leur juste valeur, il ne s'agirait plus, pour être à portée de provoquer au plus haut degré son développement dans les diverses liqueurs sucrées, que de bien déterminer la nature intime de ces dernières et celle des corps non dissous, ou des corps étrangers quelconques, qui pourraient se trouver en contact avec elles; de rechercher l'influence réciproque de toutes les causes physiques et chimiques susceptibles d'agir; et d'augmenter, autant que possible, l'effet de leur action favorable.

Mais on n'a pas seulement pour but, en excitant la fermentation vineuse, de produire l'alcool; on désire encore se procurer des liqueurs potables, salubres, agréables au goût: résultats qui ne sont obtenus que par la réunion de conditions accessoires plus ou moins complexes, jusqu'ici confusément apperçues et insuffisamment appréciées.

Enfin, il faut aussi avoir égard à la conservation des liquides spiritueux, conservation qui, quoique limitée par la nature reconnue des choses, n'est pas moins un objet digne de soins et fort important.

La question à traiter se divise donc en quatre parties principales:

1°. Conditions de la fermentation alcoolique normale, c'est-à-dire conditions de cette fermentation dans les circonstances les plus simples;

2°. Fermentation des sucs végétaux sucrés de diverses natures, et particulièrement du jus de pomme et de poire;

3°. Meilleurs moyens d'obtenir avec ces fruits des liqueurs spiritueuses potables, salubres et agréables;

4°. Conservation des produits.

Les rapports qui existent entre ces quatre parties distinctes de l'ensemble , nous montrent combien il importe de commencer par établir et exprimer nettement la théorie pure de la fermentation alcoolique. Aussi tenons-nous beaucoup à cette recherche ; car c'est là que réside le point fondamental, le centre de connexion autour duquel doit venir se rallier tout ce qu'embrasse le problème offert à la sagacité de ceux à qui nous adressons notre programme.

Qu'on ne se méprenne pas sur nos intentions et sur nos désirs, si, dans une question principalement agricole et industrielle, nous exigeons les formes sévères et les données rigoureuses de la science ; c'est qu'elles nous paraissent indispensables à l'extension et au perfectionnement d'un art quelconque : car si quelques arts ont pu naître sans la science, ils ont tous besoin pour se fortifier, pour se développer, d'une théorie qu'elle seule peut fournir; et cette théorie, qui éclaire leur marche, prend nécessairement sa source en dehors du cercle de leurs applications. Mais ce que nous appelons de nos vœux, ce ne sont pas des spéculations uniquement systématiques, toujours vaines quoique parfois ingénieuses, dont une foule de recueils *dits scientifiques* présentent trop d'exemples sans aucune utilité pour la vraie science et pour la société ; ce que nous souhaitons d'obtenir, ce que nous obtiendrons, il faut l'espérer, ce sont des préceptes *immédiatement praticables* par nos cultivateurs, préceptes présentés de façon à être compris de *tous*, et unis entre eux par les liens d'une saine doctrine. —Ici, nous entendons surtout que la théorie ne soit admise qu'avec ses véritables caractères. Les théories, en ce qui touche les applications industrielles ou simplement usuelles, ne méritent pas la confiance, sont même dangereuses, lorsqu'à leurs traits de vérité se trouvent joints des traits imaginaires, qui les défigurent et leur ôtent par là le pouvoir d'être serviables. La théorie, dans sa pure essence, telle que nous avons lieu de l'attendre des rivaux qui se présenteront, n'est certes pas de ce genre : elle a une corrélation exacte et nécessaire avec tous les faits apparents qu'elle embrasse ; et elle doit être regardée comme une formule vraie et générale des applications ; puisqu'elle résulte de la concentration, de la coordination, sous une forme qui est l'œuvre de l'intelligence, des rapports essentiels qu'on a observés entre les divers points de l'ensemble, dont elle n'est que la permanente et la plus simple expression. C'est alors seulement que ses services sont incontestables; et c'est ainsi que nous la voulons : en un mot, elle ne doit pas être imaginée, elle doit ressortir exclusivement des faits.

Déjà de nombreuses recherches, d'une grande valeur, et des discussions approfondies ont été publiées sur la fermentation. Les concurrents devront bien se pénétrer de ce qui a été fait avant eux. Toutefois, que l'érudition qu'ils nous montreront soit mesurée ; qu'ils élaguent tout ce qui ne présentera pas un caractère suffisant d'utilité, et tout ce qui serait sans preuve, à moins qu'ils ne trouvent eux mêmes des preuves, soit pour confirmer, soit pour rejeter. Rien dans leur œuvre qui ressemble à ces compilations, ces manuels, ces encyclopédies vulgaires, qui encombrent de futiles répétitions, d'hypothèses hasardées et de recettes prétendues infaillibles la technologie et la science, sans leur avoir apporté de nouvelles lumières.

Du reste, les savants qui répondront à notre appel seront trop imbus, nous n'en doutons pas, de l'état des choses et de ce qu'on attend d'eux, pour n'avoir pas à cœur d'accomplir une œuvre à la fois savante et *immédiatement* utile à tous ceux qui, non versés dans la science, auront à pratiquer des opérations avouées et indiquées par elle, et décrites spécialement *pour eux* avec simplicité, clarté et précision.

Cette dernière tâche sera d'autant mieux remplie, que de sages investigations appropriées au but auront été portées plus loin et avec plus de succès dans le domaine privé de la science. Que les concurrents, en traitant un si beau sujet, aient toujours présent à la pensée, qu'à une certaine hauteur, il n'y a rigoureusement plus de chimie organique, de chimie inorganique; qu'il n'y a qu'une chimie, ou plutôt qu'il n'y a qu'une science de la nature. Car les innombrables phénomènes de la matière découlent d'un petit nombre de principes d'ordre supérieur, lesquels, à des intervalles plus ou moins grands, se subdivisent en ramifications plus ou moins multipliées : et c'est à leurs propres subdivisions que se rattachent les branches distinctes de nos connaissances et de nos arts, dont les principes secondaires remontent, en se simplifiant, jusqu'aux premiers, qui les renferment tous dans leur généralité.

Maintenant, Messieurs, voici l'esquisse du programme que nous avons l'honneur de vous soumettre:

PROJET DE PROGRAMME

Pour un prix qui sera décerné à l'auteur du meilleur traité théorique et pratique sur la fabrication des Cidres et des Poirés, et sur leur conservation.

Les auteurs devront diviser leur traité en deux parties distinctes: la première partie sera expérimentale et théorique; la seconde sera l'expression de la première, sous forme de préceptes d'une application immédiate.

En traçant ce projet de programme, on n'a point eu la pensée d'assigner des bornes aux recherches des concurrents, ou de leur prescrire un plan dont ils ne pourraient s'écarter; on a seulement eu pour but de signaler les points principaux sur lesquels on a cru devoir attirer leur attention, et de leur proposer des questions dont la valeur individuelle et relative, ne pourrait d'ailleurs être appréciée qu'à la suite des expériences qu'elles tendent à provoquer. Parmi ces questions, dont plusieurs s'appliquent également aux diverses recherches à entreprendre, quelques-unes, sans doute, selon leur ordre d'examen, se trouveront résolues par les autres; mais c'est ce qu'on ne pouvait, avec certitude, ni prévoir, ni déterminer d'avance; et voilà pourquoi on n'a pas hésité à les multiplier: car on conçoit la différence qui existe entre le tableau d'une œuvre accomplie, réduit à ses plus petites dimensions, et le programme d'un travail éventuel: le premier est le simple sommaire d'un tout déjà connu, dans lequel les répétitions peuvent et doivent être évitées; tandis que le second, se rapportant à un ensemble vague, plus ou moins obscurci par des ombres et dont plusieurs parties même sont encore entièrement inconnues, ne peut offrir la même concision.

C'est d'après cette explication qu'il faut juger tout ce qui sera compris sous les différents titres qui vont suivre.

PREMIÈRE DIVISION DU TRAITÉ.

PARTIE EXPÉRIMENTALE ET THÉORIQUE.

PREMIER TITRE.

Histoire de la fermentation. — État présent de la science en ce qui concerne celle-ci.

Ce chapitre devra renfermer le précis historique, par ordre chronologique, des travaux aujourd'hui connus, sur la fermentation en général et sur la fermentation alcoolique en particulier;

Le résumé et le classement scientifique des faits signalés jusqu'à ce jour: on discutera leurs valeurs absolues ainsi que leurs valeurs relatives; et on en conclura l'état actuel de la question.

On devra faire remarquer les points qui auraient besoin de nouvelles preuves ou de nouveaux développements, et indiquer ceux qui, n'ayant pas encore été abordés et étant susceptibles d'être aperçus de prime abord, sembleraient propres à jeter un nouveau jour sur la théorie de la fermentation vineuse.

DEUXIÈME TITRE.

Étude du ferment.

Quoique l'alcool, dans certaines actions chimiques, puisse être produit sans l'intervention du sucre et du corps appelé *ferment*, il n'est pas moins généralement admis que le phénomène désigné sous le nom de fermentation alcoolique a pour condition essentielle le contact mutuel de ces deux corps; et que dans les cas où l'alcool ne provient pas immédiatement de la décomposition du sucre, il résulte de modifications subies par des composés à la formation desquels a contribué l'alcool lui-même, aux dépens de sa propre substance : d'où l'on induit que, la source initiale de l'alcool étant la fermentation, et la présence du ferment étant une cause qui développe celle-ci, l'étude approfondie du ferment doit rationnellement précéder celle de la fermentation alcoolique.

Quant au sucre, il est permis de penser que, pour la question, sa nature intime est suffisamment connue.

En ce qui concerne le ferment en particulier, il importe, d'abord, de se livrer à un nouvel examen de la levure de bière, lequel mette à portée de confirmer ou de modifier, et d'étendre ce qu'on a déjà publié à son égard ; et qui puisse conduire enfin à une opinion bien arrêtée sur sa véritable nature moléculaire.

Il est reconnu qu'un grand nombre de corps organiques azotés, autres que la levure de bière, peuvent servir à la décomposition du sucre en alcool et acide carbonique; mais tous ne produisent pas cet effet avec la même promptitude et avec la même énergie, bien qu'avant d'être placés dans la sphère d'activité, ils aient eu le contact de l'air, contact indispensable, comme on sait, au premier mouvement de fermentation, dans les sucs végétaux sucrés. A l'exception de la plupart de ceux d'entre eux qui se déposent pendant la fermentation même et semblent faire partie de ses produits, on ne peut affirmer qu'ils soient propres eux-mêmes à exercer sur le sucre une action fermentative directe, et qu'avant qu'il se produise de l'alcool ils n'aient pas dû éprouver, comme le conjecture M. Thénard, du moins dans une petite partie de leur masse, une modification préalable, qui les transforme en ferment proprement dit. Sur ce point capital, les chimistes ne sont pas tout-à-fait d'accord : tous reconnaissent, il est vrai, que ces matières, lorsqu'elles agissent, sont en état de putréfaction; mais l'état de putréfaction est-il suffisant par lui même ? La putréfaction de ces corps ne serait-elle point uniquement une condition occasionelle, qui provoquerait la formation de la substance exclusivement efficiente? Selon une pareille manière de voir, ce serait seulement cette dernière substance, et non celle qui l'aurait fournie, qui posséderait le pouvoir immédiat de scinder la molécule sucrée et de la diviser par un nouveau groupement de ses éléments, en alcool et en acide carbonique, *après toutefois l'association d'un équivalent d'eau à l'équivalent de sucre*, dans le cas où celui-ci, à l'état de sucre hydraté de canne, ne serait pas déjà transformé en sucre de raisin : cette question, fort importante pour la théorie, doit être prise en grande considération par les concurrents.

Du reste, ils devront aussi examiner avec soin les divers dépôts fournis par les différents corps azotés ; les comparer entre eux et avec la levure de bière, non seulement sous le rapport de leurs caractères physiques et chimiques, mais encore sous celui de leur composition élémentaire.

Le ferment provenant de l'albumine de l'œuf, vu sa pureté présumée, sera l'objet d'une attention spéciale.

Ces ferments qui, d'après les idées généralement reçues, sont tous des produits artificiels, seront obtenus au moyen du sucre pur, lorsque toutefois ils ne tireront pas leur origine des sucs végétaux sucrés ; afin que les différences qu'ils pourront offrir entre eux, à l'état brut ou après leur purification, ne puissent être attribuées qu'à la nature particulière des matières azotées dont ils proviendront. On établira leurs rapports respectifs entre eux et avec les substances qui les auront produits.

On essaiera avec le plus grand soin, à leur égard, tous les moyens de purification qui seront suggérés; et on parviendra peut-être ainsi à décider la question jusqu'ici incertaine de *l'identité des ferments*, ou de leur *non identité*, et d'autres questions encore, non moins importantes.

S'ils étaient identiques, la théorie aurait un grand intérêt à s'emparer de ce fait. S'ils ne sont pas identiques, non seulement il resterait à comparer leurs degrés d'activité, mais encore à examiner si tous les dépôts abandonnés par les substances azotées susceptibles d'être employées pour exciter la fermentation, sont eux-mêmes capables, en se putréfiant, de provoquer la formation de l'alcool. Dans le cas de la négative, il faudrait conclure que les corps azotés dont proviennent les dépôts possèdent immédiatement la propriété de faire fermenter le sucre ; et que le mouvement communiqué par les diverses matières à l'état de putréfaction, n'est pas de nature, dans les circonstances semblables, à produire de tout point les mêmes résultats.

Enfin, sans qu'il soit besoin d'insister davantage, on aperçoit combien des connaissances précises sur le ferment ou ses espèces diverses, et sur les altérations qu'éprouvent les matières azotées pour devenir ferment ou pour subir d'autres transformations, doivent inspirer d'intérêt dans la question dont il s'agit; c'est pourquoi on engage les concurrents à compléter autant que possible cette partie de leur travail.

TROISIÈME TITRE.

Fermentation alcoolique normale.

De l'examen consciencieux et approfondi de la fermentation alcoolique normale doit dépendre, en grande partie, le succès à espérer dans les recherches ultérieures.

Avant donc d'entrer dans les voies complexes de la fermentation vineuse des sucs végétaux sucrés, il importe de réduire le problème aux conditions les plus simples.

Après avoir bien étudié le ferment en lui-même, on le fera agir sur le sucre pur dissous dans l'eau également pure, l'un et l'autre garantis, dans quelques expériences du moins, lorsque l'utilité en sera reconnue, de tout accès d'air atmosphérique.

Plusieurs des essais qu'on va conseiller de rapporter à ce chapitre, ainsi que d'autres qui seront indiqués dans les suivants, deviendront peut-être inutiles, par suite des renseignements que des faits antérieurement constatés auront pu fournir; quoi qu'il en soit, il n'est pas indifférent de les mentionner. Car de deux choses l'une: ou il y aura lieu de les supprimer, ou il y aura nécessité de les tenter; et dans l'un on l'autre cas, il conviendra de faire ici l'application de leurs résultats.

Les expériences dues à M. Thénard, et déjà anciennes, sur la fermentation (Ann. de Ch. T. 46, p. 294), devront être répétées avec un ferment bien pur. On cherchera de nouveau ce que devient l'azote du ferment décomposé. M. Thénard a déclaré, et il a répété dans toutes les éditions de son traité de chimie, qu'il n'en savait rien: mais d'autres savants ont avancé que, pendant la fermentation alcoolique, l'azote du ferment se transformait en ammoniaque. Si cette assertion est vraie, il faut la prouver. Si, au contraire, dans les produits, on ne retrouve l'azote du ferment sous aucune forme, c'est un fait du plus haut intérêt, non seulement pour la théorie générale de la fermentation, mais encore pour la science tout entière, et dont la philosophie naturelle doit faire l'objet de ses plus profondes méditations.....

Quoiqu'on apprenne à cet égard, l'expérience de M. Thénard, répétée avec des matières de pureté reconnue, pourra vraisemblablement faire mieux apprécier le rôle réél et complet du ferment dans la fermentation vineuse, rôle encore problématique sous plusieurs de ses faces; car si, jusqu'à ce jour, rien n'autorise absolument à affirmer que la seule fonction du ferment consiste dans sa simple décomposition au contact du sucre, sans qu'il fournisse de sa matière aux éléments de celui-ci, rien ne prouve non plus d'une manière incontestable que les choses se passent autrement. A la vérité, cette question semblerait ne devoir plus en être une, si l'on adoptait exclusivement les opinions de M Liebig; mais malgré le mérite éminent de ce savant distingué, l'autorité des faits doit toujours être préférée à l'autorité des personnes, et encore un coup il serait difficile d'admettre que ce point capital ne laisse plus de doutes.

Selon les résultats obtenus touchant la nature respective des corps désignés sous le nom de ferment , on devra différemment procéder dans l'étude de la fermentation normale. S'il n'existe qu'un seul ferment, on le choisira dans l'état le plus pur, et vraisemblablement le dépôt provenant de l'albumine méritera la préférence; s'il en existe, au contraire, plusieurs espèces, on mettra successivement en contact avec le sucre pur, tantôt la levure de bière, tantôt les dépôts du gluten des céréales, du caseum, du blanc d'œuf, de la colle de poisson, etc., ainsi que ceux qui se précipitent pendant la fermentation des jus de fruits ou d'autres parties des végétaux et même des animaux et particulièrement des moûts de pomme et de poire.

Peut-être ne sera-t-il pas inutile, dans cette série de recherches, de mettre aussi en contact avec le sucre pur, et dans des expériences distinctes, quelquefois à l'abri de l'air, d'autres fois sous son influence, les corps azotés eux-mêmes, frais ou putréfiés, d'où proviennent respectivement les dépôts. Il est présumable qu'en même temps, par de telles expériences, on se mettra à portée de vérifier utilement des résultats déjà recueillis, et d'observer de nouveaux faits dignes d'attention.

Dans la supposition d'un ferment de la pureté duquel on sera certain, on devra, le sucre ayant été employé en excès, déterminer exactement la composition du résidu solide du ferment décomposé, si effectivement on obtient un résidu solide; et en un mot, tenir compte de tous les produits.

Quoique quelques accidents notables, offerts pendant la fermentation des liqueurs sucrées d'une nature complexe, telles que les moûts de raisin, de pomme, des céréales, telles que les jus de carotte, de betterave, etc., puissent être attribués, en partie du moins, à la présence de certains corps, étrangers au sucre qu'elles contiennent en même temps qu'au ferment qui se produit dans leur sein, il convient de rechercher si ces mêmes accidents sont susceptibles de se reproduire dans la fermentation normale. Les réponses de l'expérience, positives ou négatives à cet égard, seront également précieuses ; et elles pourront simplifier ou faciliter les études auxquelles donneront lieu les sucs végétaux sucrés.

Par exemple, lorsque la fermentation alcoolique normale est commencée, ne pourrait-il pas arriver que la température devenant trop basse ou trop élevée, un changement dans la nature intime du ferment, ou toute autre rupture d'équilibre, ou bien l'un et l'autre à la fois, ne l'empêchassent de continuer; et que, dans certains cas, elle ne se trouvât remplacée par la fermentation acéteuse ou par la fermentation visqueuse? L'accès de l'air notamment, dans cette circonstance, ne serait-il pas, du moins dans une partie de l'échelle des températures, une cause auxiliaire et efficace d'acétification?Enfin n'existe-t-il point d'autres causes encore qui, capables de favoriser dans les liqueurs composées l'acescence ou la fermentation visqueuse plutôt que la fermentation alcoolique, pourraient également entraver la fermentation alcoolique normale ?

Que les concurrents, lorsqu'ils seront à l'œuvre, ne se laissent pas arrêter par l'invraisemblance apparente de quelques suppositions, pourvu que celles-ci ne répugnent pas absolument à la raison. N'a-t-on pas déjà vérifié nombre de faits qui paraissaient invraisemblables et qui,rangés aujourd'hui parmi les vérités, semblent encore contradictoires à d'autres faits également vrais; parce qu'on ignore ou qu'on discerne mal les causes plus élevées qui les régissent ? D'ailleurs, on le redit, les données de l'expérience, soit qu'elles confirment, soit qu'elles infirment,ne sont jamais inutiles,et elles sont toujours instructives : ces données, lorsqu'elles sont acquises dans des circonstances simples,ont un avantage particulier; elles applanissent la route qu'il faut suivre dans des recherches plus compliquées, et elles permettent de mieux distinguer la vraie source des divers effets qu'on observe.

C'est en conséquence de cette manière de voir que l'on place encore dans ce chapitre les questions et les propositions suivantes :

D'autres phénomènes de décomposition que celui de la putréfaction du ferment, ou de tout autre corps organique azoté susceptible de se putréfier, lequel, d'après la conjecture de M. Thénard, se transforme d'abord en ferment, ou selon d'autres chimistes n'a pas besoin de cette transformation préalable et agit immédiatement en communiquant son mouvement de putrescence, peuvent-ils occasioner la métamorphose du sucre en alcool et acide carbonique? Ou bien, en d'autres termes, dans la fermentation normale, la présence d'un ferment organique azoté est-elle indispensable?

Etudier l'influence de la pile de Volta sur une solution de sucre pur et sur une solution de sucre associée au ferment, ou associée à une matière putrescible et non encore en putréfaction, qui ne serait pas le ferment. Par cette dernière manière d'opérer, on appliquerait au cas de fermentation normale, avec une substance organique azotée autre que celle tenue naturellement en dissolution dans un suc végétal sucré, l'expérience de M. Gay-Lussac sur le jus de raisin qui avait été exprimé à l'abri du contact de l'air. On cherchera à déterminer, dans ces essais, si l'influence du courant électrique se borne à faire éprouver à la matière organique azotée, par l'oxigène de l'eau qu'il décompose, la même altération que celle qu'elle éprouverait au contact de l'atmosphère.

Examiner les produits de l'action réciproque du sucre et de l'eau oxigénée. M. Thénard a remarqué que le sucre se dissolvait promptement dans le bi-oxide d'hydrogène : et de plus il a observé un dégagement lent de gaz oxigène et de gaz acide carbonique. Cette expérience semble mériter d'être approfondie.

Quand on songe d'ailleurs à l'ensemble des phénomènes produits par le bi-oxide d'hydrogène, l'hydrure de soufre, les nitro-sulfates, etc. et qu'on rapproche de ces faits les vues ingénieuses et profondes émises par M. Liebig sur les métamorphoses des matières organiques, ne doit-on pas être porté à faire intervenir cet ordre de composés dans l'étude de la fermentation normale ?

Une fois cette fermentation commencée par l'influence du ferment, ne pourrait-elle pas être continuée ou favorisée sous celle d'autres corps qui seuls ne seraient pas susceptibles d'imprimer le mouvement initial? Et d'autre part, la fermentation étant déjà en activité et le ferment toujours présent, la décomposition du sucre ne pourrait-elle pas, au contraire, être interrompue, c'est-à-dire, la fermentation ne pourrait-elle point être paralysée par l'addition de certaines substances différentes des premières? Ce qu'on a déjà remarqué à cet égard dans les sucs végétaux sucrés, autorise à penser que les mêmes effets seraient peut-être susceptibles de se produire dans la fermentation normale.

Ces réflexions, appuyées sur ce qui se passe dans l'art des amidonniers, sur des remarques expérimentales déjà faites par MM.Dubrunfaut, Mathieu de Dombasle et autres, relativement à la qualité des eaux servant de véhicule au moût des céréales, relativement aux effets de l'acidité, à ceux de l'addition de certaines substances dans les liqueurs fermentescibles composées, doivent engager à rechercher le genre et le degré d'influence que pourraient exercer, dans la fermentation alcoolique normale, de petites doses d'acides, de bases salifiables, de sels et notamment de quelques-unes de leurs espèces, telles que l'acide tartrique, l'acide acétique, le tartrate et le bi-tartrate de potasse, le carbonate de chaux, etc. : des généralités utiles devront sortir de ces expériences ; et il est probable que des spécialités importantes se rattacheront à quelques espèces de ces trois ordres de corps.

QUATRIÈME TITRE.

Fermentation alcoolique des sucs végétaux sucrés en général, ou fermentations complexes.

Après avoir étudié la fermentation vineuse dans les circonstances les plus simples, on fera la revue des procédés suivis jusqu'à ce jour pour la fabrication des vins, de la bière, des cidres, des poirés, etc.

Cet exposé sera accompagné, lorsqu'il y aura lieu, d'une critique basée sur les notions acquises dans les travaux précédents.

Ici, les conditions de la fermentation ne sont plus tout-à-fait les mêmes; les concurrents auront à considérer un ferment, ou un corps susceptible de le devenir, qui, dans le plus grand nombre des cas, n'est plus ajouté, mais existe déjà dans la liqueur sucrée et s'y trouve originairement à l'état de dissolution. Convaincus, comme ils devront l'être, que la meilleure fabrication d'une liqueur vineuse quelconque met sur la voie de la bonne fabrication de toutes les autres; et que, par conséquent, les principes généraux qui les concernent toutes sont plus ou moins applicables à chacune d'elles, ils se prépareront dans ce chapitre, d'un haut intérêt pour l'art tout entier de la fermentation, à aborder avec plus d'avantage le sujet spécial sur lequel on réclame leurs lumières.

Toutefois dans ce chapître, dont le champ est si vaste, ils se borneront au rôle de narrateurs et de critiques ; autrement leur tâche serait trop étendue : ils n'auront à y consigner qu'un pur travail de cabinet, les expériences qu'ils croiraient, d'ailleurs, utiles d'y rapporter pouvant trouver leur place dans les chapitres suivants.

CINQUIÈME TITRE.

Coup d'œil sur la fermentation visqueuse, sur les moyens de l'éviter.

Avant de traiter la question particulière des cidres et des poirés, il paraît encore utile d'envisager les rapports mutuels des fermentations alcoolique et visqueuse. Celle-ci, quand elle se développe, est peut-être la principale cause du *goût plat* attribué aux liqueurs mal fermentées, dans lesquelles la saveur sucrée a disparu sans qu'il semble que celle de l'alcool l'ait proportionnellement remplacée. Toutefois il pourrait se faire que l'absence ou le faible degré de ce qu'on appelle *bouquet* dans les liqueurs vineuses contribuât pour beaucoup à ce genre de sensation? C'est néanmoins un fait digne d'examen et auquel une tendance à la fermentation visqueuse pourrait bien n'être pas étrangère.

Quoique la connaissance approfondie de cette sorte de fermentation, qui par sa nature même ne s'établit jamais qu'au détriment de la fermentation alcoolique, parût devoir le plus sûrement conduire aux moyens de l'éviter, on n'en demande point ici une étude développée, dans la crainte de trop agrandir une tâche déjà très étendue. On se contentera de l'énoncé des rapports les plus prochains entre les fermentations visqueuse et alcoolique, et de l'indication des moyens jugés, au premier aperçu, les plus propres à empêcher le développement de la première. On sait que l'addition de l'acide sulfurique ou d'autres substances, y met obstacle dans le jus de betterave destiné à l'extraction du sucre; mais le choix de ces substances ne peut être indifférent lorsqu'il s'agit de liqueurs qui doivent être potables. La présence du tartrate neutre ou du tartrate acide de potasse dans le moût de raisin, qui ordinairement ne paraît pas sujet à la fermentation visqueuse, n'aurait-elle point une influence de ce genre? On aperçoit le parti que l'on pourrait tirer de ce fait, s'il était exact, relativement aux moûts de poire et de pomme. On a déjà eu l'occasion de remarquer les bons effets d'une petite dose de tartrate de potasse dans la fermentation du jus de pomme. Le rôle de ce sel, susceptible d'agir à l'égard de l'acidité comme faible alcali en passant, à mesure qu'il cède une partie de sa base, à l'état de tartrate acide, ne serait-il pas capable, en certains cas, d'offrir non seulement une double, mais encore une triple utilité, en militant à la fois contre la fermentation visqueuse et contre l'acescence, et en secondant, après l'abandon d'une portion de sa potasse, le ferment lui-même dans la production de l'alcool ? Peut-être encore serait-il capable, d'après une comparaison faite entre les vins du Rhin et ceux du Midi de la France et d'Espagne, de contribuer au développement du bouquet de la liqueur vineuse ?—Mais ici le programme anticipe trop : c'est l'expérience, suivie de résultats bien nets et bien positifs, qui seule aura le droit de prononcer.

SIXIÈME TITRE.

Fabrication des Cidres et des Poirés, sous le rapport de la richesse en alcool.

Sur ce chapitre et les suivants devront se concentrer toutes les lumières que les concurrents auront acquises dans leurs recherches antérieures et qu'ils approprieront aux circonstances spéciales dans lesquelles ils se trouveront placés, à cause de la nature particulière des sucs extraits de la pomme et de la poire, et surtout à cause, comme dans tous les sucs sucrés analogues, de la condition originaire du corps azoté que ceux-ci tiennent en dissolution et qui, sans une modification préalable, ne peut agir comme ferment, ainsi que M. Gay-Lussac l'a si bien démontré dans ses belles expériences sur le moût de raisin.

Avant de s'occuper de la fabrication proprement dite, laquelle consiste à la fois en procédés mécaniques et en procédés chimiques, une connaissance approfondie des matières fermentatives sera de la plus grande utilité. On commencera donc par analyser les fruits, soit immédiatement après leur récolte, soit après les avoir gardés plus ou moins long-temps et qu'ils auront acquis leur complète maturité, soit enfin lorsqu'ils seront parvenus à l'état d'altération qu'on appelle *blossissement*. On en fera même l'analyse dans leur état d'entière pourriture. Les résultats analytiques seront comparés entre eux ; et le rapport des quantités de sucre et de substance azotée sera surtout rigoureusement établi. On désignera par les noms qu'ils portent dans leurs localités respectives les espèces de fruits analysés, et un tableau synoptique renfermera l'ensemble de tous les résultats.

Quant à la synonymie générale des poires et des pommes propres au pressurage ; quant à la meilleure culture des arbres qui les produisent, c'est un sujet d'étude étranger au concours actuel, et qui, par sa spécialité, son importance et son étendue, mérite d'être l'objet d'un concours particulier.

Cependant on signalera les fruits qui, dans chacune des localités mentionnées, paraîtront mériter la préférence. On dira les caractères qu'ils présentent quand il est temps de les cueillir, en ayant égard à leurs diverses espèces, ainsi qu'aux lieux, à la nature du sol, à son genre de culture et à son exposition. On indiquera le meilleur mode de leur récolte, de leur conservation jusqu'au moment du pressurage, et l'on fera connaître les signes de leur plus grande richesse en principe sucré.

Dans les études analytiques qui précéderont celles de la fabrication même, et auxquelles il serait intéressant de joindre l'analyse de quelques fruits à couteau jugés impropres à la confection des liqueurs vineuses, on envisagera les effets de la coction sur les fruits relativement aux changements qu'elle opère dans leur nature intime. On essaiera l'addition en petites doses, pendant cette coction, de quelques corps étrangers, tels qu'*acide tartrique*, *tartrate acide ou neutre de potasse*, etc., non susceptibles d'être nuisibles sous le rapport de la salubrité. On soumettra ensuite tous les produits à l'analyse; et les résultats de celle-ci seront non-seulement comparés entre eux, mais encore avec ceux fournis par les fruits crus de même espèce. Enfin, dans ces expériences en petit (expériences de laboratoire) il conviendra de préluder aussi à celles qui devront être faites en grand, touchant les avantages qui peuvent résulter du mélange de plusieurs espèces de fruits dont les noms en usage dans les localités diverses devront être soigneusement notés.

A ces essais préliminaires succédera l'étude de la fabrication.

Les opérations mécaniques, qui peuvent avoir tant d'influence sur la qualité et la quantité des produits, soit par le degré et le genre de division dus aux machines, soit par la nature de la matière des instruments, ces opérations devront être scrupuleusement discutées, en tenant compte de l'emploi habituel des marcs pour préparer les boissons dites *remiages*. Les concurrents feront un choix parmi les procédés suivis jusqu'à ce jour, ou en indiqueront de préférables ; et dans tous les cas, ils joindront à leur travail les plans détaillés et les dessins des machines et des ustensiles qu'ils proposeront. Il serait bien à souhaiter qu'ils pussent indiquer des machines moins encombrantes et plus puissantes que celles qui ont été employées jusqu'ici.

En s'occupant de tout ce qui doit précéder la fermentation du moût, on leur recommande de ne pas négliger la question des pépins écrasés ou non écrasés, sous le rapport du succès de la fermentation même et sous celui des diverses qualités des boissons ; de discuter les effets favorables ou nuisibles du degré de promptitude ou de lenteur apporté à la séparation du marc et du moût : peut-être ne serait-il pas inutile de faire à cette occasion la distinction des liquides qui doivent être distillés et de ceux qui sont destinés à être consommés comme boissons. On leur recommande d'examiner ce qui peut résulter de la clarification plus ou moins parfaite dù moût, ainsi que de son contact plus ou moins prolongé avec l'atmosphère, avant d'être versé dans les vaisseaux où la fermentation doit s'effectuer; de déterminer quelles températures sont les plus convenables à l'écrasement ou à la division des fruits, et au pressurage; quelles eaux il faut préférer de mêler à la pulpe des fruits. On les engage aussi à faire justice, par des démonstrations claires et suffisantes, de certaines pratiques, devenues préjugés qu'on n'a pu vaincre tout-à-fait jusquà ce jour, savoir, la persistauce de quelques cultivateurs à n'employer que des eaux de mares ou des eaux corrompues dans le brassage, et à ne procéder à cette opération que quand une bonne partie des fruits est à l'état de pourriture. Ils éclaireront pareillement les cultivateurs sur les pertes qu'ils éprouvent lorsqu'ils fabriquent leurs boissons avec des fruits non encore parvenus à la maturité ou qui l'ont dépassée; et ils prouveront les désavantages du mélange dans les lieux de dépôt, après la récolte, des espèces différentes de fruits dont la maturation ne marche point du même pas, mélange essentiellement défectueux, qui, sans doute, a beaucoup contribué à faire naître la fausse opinion que les pommes pourries étaient nécessaires à la bonne fabrication du cidre; car il est évident que le retard dans la maturation des unes est le plus souvent une cause inévitable de la pourriture des autres.

Avant de faire fermenter le moût, les concurrents devront l'analyser tel qu'il sort du pressoir, pour pouvoir lui comparer ensuite la liqueur fermentée qui en proviendra. Ils analyseront aussi le marc dont le moût aura été séparé, non-seulement après le premier pressurage, mais encore après celui qui succèdera à chaque remiage : ils ne peuvent réunir trop de données positives, dans une question tout à la fois de bonne fabrication et d'économie. La densité des liquides sera pareillement indiquée.

Vient enfin la fermentation du moût. C'est là que les connaissances acquises sur les ferments ou le ferment, sur la fermentation alcoolique normale, sur la fabrication des vins, sur celle des bières de diverses qualités, sur la fermentation visqueuse, sur la composition des fruits et du jus que le pressoir en a exprimé ; c'est là, disons-nous, que ces notions doivent particulièrement recevoir leur application.

5

Pendant les diverses périodes de la fermentation, on notera la densité des liqueurs, et l'on procèdera à leur analyse. On cherchera la température qui convient le mieux à chaque période.

Il importera d'examiner l'influence qu'au besoin pourrait avoir une température produite artificiellement; l'influence d'une fermentation lente ou rapide; celle de la masse plus ou moins grande qui fermente; les effets d'une communication plus ou moins libre avec l'air extérieur au commencement de la réaction, ou lorsque celle-ci a déjà fait des progrès; ceux de l'addition au moût, dans certains cas, de substances incapables d'altérer les qualités du produit et que l'on jugerait susceptibles d'exercer des actions favorables. D'ailleurs le liquide fermenté pouvant servir à un double usage, soit à la consommation immédiate comme boisson, soit à l'extraction de l'eau-de-vie ou même d'un alcool destiné aux arts; quand bien même l'addition de certaines substances l'empêcherait d'être potable, ou en altérerait fâcheusement la saveur, il serait encore utile de tenter cette addition, pour essayer de rendre le produit plus alcoolique: car dans ce cas, on pourrait l'employer exclusivement à la fabrication de l'eau-de-vie ou seulement d'un alcool propre aux arts, si toutefois l'alcool fourni par les graines de céréales ou par les pommes de terre ne revenait pas à un moindre prix.

Dans la supposition où il paraîtrait utile que pendant la première période, la fermentation eût une plus grande activité, afin de mettre obstacle à des altérations nuisibles qui résulteraient de la lenteur de son mouvement, serait-il convenable d'ajouter un ferment étranger, tel que la levure de bière ou tout autre? Ici l'on suppose pareillement que cette addition de levure ne serait pas motivée sur une disette, dans le moût, de la substance azotée susceptible de devenir ferment; mais que cette matière azotée, quoique assez abondante, n'éprouverait pas assez vite la modification qui lui donne le pouvoir de décomposer immédiatement le sucre en alcool et en acide carbonique.

Les rapports avec la température, des différentes doses du sucre, du ferment ou de la matière azotée, de l'espèce, du nombre et de la proportion des autres principes du moût, devront être recherchés avec le plus grand soin. Quoique la densité du suc végétal sucré ne puisse être regardée comme étant exactement proportionnelle à la quantité de sucre qu'il contient, on devra toujours la prendre en considération, la noter dans toutes les expériences, et la comparer au poids spécifique de la liqueur vineuse dans les diverses périodes qu'elle aura parcourues.

La fermentation du moût de pomme et de poire traverse plusieurs phases : dans ces différentes phases, exige-t-elle des soins différents ? Quel est le moment le plus opportun pour le soutirage ? Quels sont les effets qui peuvent résulter du séjour plus ou moins prolongé du liquide sur la lie ? Tous les liquides fermentés, eu égard à leur propre nature, eu égard aux espèces de fruits dont ils proviennent, aux circonstances diverses de la fermentation, doivent-ils, sous ce rapport, être traités de la même manière ?

On désire que les concurrents recherchent si l'on pourrait faire avec avantage, à la fabrication des cidres et des poirés, l'application d'un procédé suivi dans quelques contrées d'Allemagne, pour fabriquer la bière, et qui consiste en une fermentation lente et paisible, effectuée à une température basse, dans des vaisseaux ouverts, larges et peu profonds, où le produit de l'oxigination de la matière azotée, au lieu de venir en grande partie, soulevé par une effervescence tumultueuse, former le chapeau à la surface du liquide, se précipite au contraire dans son sein, et agit comme ferment sur le sucre à l'abri de l'air, sans acquérir le trop haut degré d'activité que lui donne son contact avec l'atmosphère, contact qui le rend propre à produire un autre équilibre que celui résultant de la division du sucre en alcool et acide carbonique, et à exciter l'acescence.

Ce point est d'un grand intérêt. Les concurrents devront l'examiner attentivement, ainsi que d'autres encore qui leur seront suggérés par le sujet.

SEPTIÈME TITRE.

Fabrication des Cidres et des Poirés, sous le rapport de la salubrité et du goût, en même temps que sous celui de la richesse en alcool.

Plus, dans ces recherches, on s'éloigne du point de départ, moins il est aisé d'indiquer à l'avance une marche à suivre; puisque celle-ci doit dépendre des observations antérieures et de la nature des faits qui auront été constatés.

En ce qui concerne les moyens de procurer aux cidres et aux poirés les qualités désirables sous le double rapport de l'agrément et de la salubrité, les concurrents devront se diriger selon les notions qu'ils auront acquises et selon l'inspiration du moment.

Ils auront à déterminer s'il est toujours possible d'obtenir la liqueur la plus agréable et la plus saine en même temps que la plus riche en alcool; si, dans quelques circonstances, il n'y a pas nécessité de sacrifier, en partie, l'un de ces avantages à l'autre.

A l'occasion de la saveur et des qualités salubres, ils signaleront de nouveau l'importance de la maturité des fruits, de leur choix, de leur mélange bien assorti ; ils apprécieront les effets qui peuvent résulter de l'emploi des pommes ou des poires blettes: ils rappelleront les inconvénients de l'association des fruits sains et des fruits pourris, de l'usage des eaux corrompues, et de la négligence trop habituelle des soins de propreté dans la fabrication des boissons.

Ils rechercheront dans les liquides fermentés un éther analogue à l'éther œnanthique signalé dans les vins par MM. Liebig et Pelouse; détermineront, s'il est possible, la vraie nature plus ou moins complexe de ce qu'on appelle *bouquet* dans les liqueurs vineuses, et que les cidres et les poirés semblent devoir renfermer aussi bien que les vins : ils tâcheront d'expliquer son origine, et s'appliqueront à provoquer et à favoriser son développement.

HUITIÈME ET DERNIER TITRE.

Conservation des Cidres et des Poirés.

On mentionnera les diverses altérations dont ces liquides sont susceptibles.

Il en est qui sont communes à tous ; et il en est aussi qui ne sont remarquées que dans quelques-uns : particulièrement cette coloration en brun qui fait dire que *le cidre se tue.* Quand le cidre présente ce défaut, il ne lui arrive pas seulement de se colorer, de devenir quelquefois presque noir; sa saveur est encore notablement changée, et, en apparence du moins, il a perdu une partie de sa spirituosité. Malgré ce qu'on a pu déjà dire sur la cause de ce genre de maladie des cidres, et sur les moyens d'y remédier, on n'a pas lieu d'être complètement satisfait. On sait, il est vrai, que l'acidité du cidre est un obstacle à l'altération, par l'oxigène atmosphérique, de la substance qui, par son changement de nature, occasionne cette coloration; mais on sait aussi qu'il est des cidres dans lesquels l'acidité n'est nullement prononcée et qui n'offrent point l'inconvénient de brunir. Il est probable que, dans cette circonstance, la nature des fruits et du terroir a plus d'influence que la fabrication elle-même. C'est un point à fixer: on engage les concurrents à examiner soigneusement cette question.

D'autres questions non moins importantes et plus générales se rapportent à ce chapitre, savoir: l'influence des lies en contact avec les liquides ; l'utilité plus ou moins grande des soutirages plus ou moins répétés ; le collage par des moyens appropriés, ou le non collage des boissons : la température la plus convenable à leur conservation ; l'exposition, la disposition des lieux où sont déposés les fûts ; la capacité de ceux-ci, leur construction, la nature de leur bois ; les effets utiles qui pourraient résulter de l'application d'une ou plusieurs couches de peinture à l'huile sur la surface extérieur des futailles ; peut-être même l'opportunité d'un emploi approprié des procédés de M. Boucherie, pour donner au bois des douves, des fonds et des cercles, quand ces derniers ne sont point en fer, des qualités que le bois ne possède pas naturellement.

Enfin les concurrents ne négligeront aucun des points qui se rattacheront utilement à cette partie importante du programme, et au nombre desquels le meilleur mode de *mutage* doit tenir sa place.

DEUXIÈME DIVISION DU TRAITÉ.

PRÉCEPTES PRATIQUES TOUCHANT LA FABRICATION DES CIDRES ET DES POIRÉS, ET LEUR CONSERVATION.

Des indications seraient ici superflues. Cette seconde partie du traité sera le résumé pratique de la première : les conditions de sa rédaction ont déja été exprimées.

Son texte sera accompagné de figures et de planches bien correctes ; et comme, dans la fabrication des liqueurs vineuses, la température remplit un grand rôle, en décrivant les procédés on devra beaucoup insister sur l'emploi du thermomètre.

Tel est, Messieurs, le projet de programme que, d'après vos désirs, nous avons essayé de tracer, ébauche bien imparfaite d'un programme définitif que l'autorité supérieure devra réclamer des savants qui l'entourent et qui, sur cette matière, sont à juste titre ses conseillers naturels.

Mais vos vœux pour la prospérité agricole, industrielle et commerciale de notre belle province ne pourraient se réaliser, si la puissante intervention du gouvernement et celle des conseils généraux ne venaient les seconder.

C'est pourquoi, en terminant, nous avons l'honneur de vous engager à prendre la délibération qui suit :

La société d'agriculture et de commerce de la ville de Caen, vu le mémoire que lui a presenté M. Decourdemanche.

Ouï l'avis de sa commission, chargée d'examiner la proposition de M. Decourdemanche, et de rédiger un premier projet de programme;

Après en avoir délibéré,

Considérant que la fabrication des cidres et des poirés en Normandie n'est point encore parvenue au degré de perfectionnement dont elle est susceptible;

Que cette branche d'industrie est l'une des sources les plus importantes du commerce indigène des cinq départements qui composent cette province;

Que l'état actuel de la science autorise à penser que des recherches ayant pour but le perfectionnement des cidres et des poirés conduiraient à d'importants résultats ;

Que d'ailleurs ces recherches, spécialement

utiles à une bonne préparation des cidres et des poirés, seraient également de nature à intéresser la fabrication de toutes les autres liqueurs vineuses, et que conséquemment, dans la France entière, elles serviraient à la fois un grand nombre d'intérêts ;

Considérant que, sous ce double rapport, cette question est l'une de celles qui méritent le plus d'attirer la sollicitude du gouvernement ;

Que, surtout, les cinq départements qui représentent la Normandie trouveraient dans son heureuse solution de nouvelles causes de prospérité, non seulement pour leur commerce, mais encore pour leur agriculture ;

Que l'accroissement progressif des impôts doit inspirer le vif désir d'augmenter la valeur des produits immediats de la propriété territoriale ; que ce désir est l'un des attributs inhérents à toute administration éclairée ;

Considérant aussi que le concours proposé par la Société royale d'Agriculture et de Commerce de la ville de Caen ne pourrait se réaliser qu'au moyen d'une allocation votée par les conseils généraux des départements ci-dessus mentionnés, ou d'une subvention du gouvernement, ou bien de l'une et de l'autre à la fois,

Considérant enfin que les travaux demandés aux concurrents ne peuvent être entrepris sans beaucoup de dépenses, et que d'ailleurs les personnes auxquelles seront dus les résultats de la nature de ceux qu'on provoque, doivent être honorablement récompensées ; Arrête :

1°. Le mémoire de M. Decourdemanche, le rapport de la commission et le premier projet de progamme qu'elle a présenté seront adressés à M. le Préfet.

2°. Ce magistrat est prié de les transmettre à M. le ministre de l'agriculture et du commerce ; de joindre à cet envoi son propre avis, et de demander à M. le ministre qu'après examen et fixation définitive du programme, il veuille bien donner son approbation au concours proposé.

3° La Société prie en outre M. le Préfet de solliciter auprès du gouvernement une subvention qui, jointe aux allocations dont M. le ministre de l'agriculture et du commerce serait invité à provoquer le vote, s'il le jugeait à propos, de la part des conseils généraux des départements de la Seine-Inférieure, de l'Eure, du Calvados, de l'Orne et de la Manche, complèterait la somme de 8,000 francs, divisible en 6,000 francs, et 2,000 francs applicables à un prix et à un accessit.

4°. La Société exprime encore le vœu que,

dans le cas où sa proposition serait agréée par le gouvernement, M. le ministre, vu l'importance et la nature du sujet, ainsi que l'origine des fonds à appliquer, voulût bien, pour constituer la commission qui jugerait le concours, désigner quelques membres de son choix, auxquels se réuniraient ceux qu'elle-même aurait délégués à cet effet.

CONCOURS

POUR UN PRIX DE 1,000 FRANCS.

CONCERNANT

L'INVENTION D'UN APPAREIL DISTILLATOIRE

APPLICABLE AUX CIDRES ET AUX POIRÉS.

Vos commissaires, Messieurs, ont cru devoir distraire la question de l'appareil distillatoire applicable aux cidres et aux poirés, de celle de la fabrication même de ces liquides. —Le but de M. Decourdemanche, dans sa proposition, a été de retenir et de fixer près du foyer domestique, une industrie qui s'y pratique depuis longtemps, pensée éminemment morale, qui, malheureusement pour son application, rencontre trop d'obstacles dans le système actuel de la plupart de nos industries. — Les grands appareils de distillation particulièrement en usage dans le midi de la France, ont déjà reçu d'admirables perfectionnements, dus surtout aux travaux et à la sagacité des Adam, des Bérard, des Blumenthal, des Charles Derosnes; mais il s'agit ici de transporter sur de petites proportions, dans un appareil de modique prix, d'un entretien peu dispendieux et facile à déplacer, les principaux avantages de ces grands instruments.

Il semblerait que le seul énoncé du concours ouvert à ceux qui inventeront un semblable appareil, pour lequel vous offririez un prix de mille francs, dût suffire. Néanmoins pour qu'il n'y ait aucune équivoque sur vos intentions, nous avons l'honneur de vous proposer d'arrêter les conditions suivantes :

1°. Au plan de l'appareil sera joint un memoire explicatif et détaillé, où seront clairement exposés les avantages qu'il sera susceptible de procurer aux cultivateurs;

2°. Cet appareil ne devra exiger qu'un fourneau de construction peu compliquée, dans lequel la combustion sera aussi complète que possible et où la plus grande partie de la chaleur sera employée.

3° Il fournira, sans cohobation, un alcool de 58 à 60° centésimaux.

4°. Il devra être propre à dépouiller les lies de leur alcool.

5°. Son prix d'achat sera peu élevé.

6°. Cet appareil sera mis à la disposition d'un jury d'examen pour en constater le mérite et l'économie.

Nous vous proposons, Messieurs, de joindre le vote de ce concours à celui qui concerne la fabrication des cidres et des poirés, et de le recommander comme celui-ci à la sollicitude de M. le Préfet.

Le prix qui s'y rattache serait décerné en même temps que l'autre dans la séance publique dont l'époque sera fixée par la société.

PROGRAMME

ET

ARRÊTÉ DE LA SOCIÉTÉ.

La Société royale d'agriculture et de commerce de Caen, après avoir entendu la lecture du mémoire et la proposition de M. Decourdemanche sur la fabrication des cidres et des poirés, et du rapport de la commission chargée d'examiner cette proposition; considérant que la fabrication des cidres et des poirés en Normandie est loin d'avoir acquis le degré de perfection dont elle est susceptible ; considérant que cette branche d'industrie est une des sources les plus importantes de la production, de la consommation et du commerce indigène des cinq départements qui composent cette province, et de plus de trente autres départements ; considérant que l'état actuel de la science autorise à penser que des recherches sérieuses et profondes, ayant pour but le perfectionnement des cidres et des poirés, conduiraient à d'importants résultats; que ces recherches seraient aussi de nature à favoriser la fabrication de toutes les autres liqueurs vineuses, et que par conséquent, dans la France entière, elles serviraient à la fois un grand nombre d'intérêts; considérant que, sous ce double rapport, cette question est une de celles qui méritent le plus d'attirer la sollicitude du gouvernement; considérant qu'un concours et des prix sont de puissants stimulants pour attirer l'attention des savants sur cette matière importante; que les travaux demandés aux concurrents ne peuvent être entrepris sans beaucoup de dépenses, et que d'ailleurs les personnes auxquelles seront dus les résultats que l'on provoque doivent être honorablement récompensées ; considérant aussi que l'invention d'un appareil distillatoire applicable aux cidres et aux poirés, qui serait en même tems de petite dimension, de prix modique, d'entretien peu dispendieux et de facile déplacement, présenterait un avantage immense pour les populations agricoles qui récoltent ou fabriquent les cidres et les poirés, et que cette invention doit aussi être provoquée par un concours et un prix : considérant enfin que ces concours ne peuvent se réaliser qu'au moyen d'une allocation donnée par le gouvernement :

ARRÊTE :

Art. 1er.—Le mémoire de M. Decourdemanche, le rapport de la commission et le programme qu'elle a présentés, seront adressés à M. le Préfet, avec prière de les transmettre à M. le ministre de l'agriculture, et de lui demander, au nom de la Société d'agriculture et de commerce de Caen, de donner son approbation aux concours proposés et d'en fixer définitivement le programme ; de solliciter en même temps de M. le ministre l'allocation d'une somme de 6,000 fr. pour le premier prix du mémoire sur la fabrication des cidres et des poirés ; d'une somme de 2,000 fr. pour le second prix, et de celle de 1,000 fr. pour le prix unique du mémoire sur l'appareil distillatoire.

Art. 2.—M. le ministre sera également prié de désigner quelques personnes pour se réunir aux membres que nommera la Société d'agriculture de Caen, afin de former un jury qui prononcera sur le mérite des concurrents.

L'assemblée arrête en outre que le mémoire de M. Decourdemanche et le rapport de la commission seront imprimés à 1,200 exemplaires.

Pour extrait conforme aux procès-verbaux des séances de la Société des 19 mars et 16 avril 1841.

P.-A. LAIR, secrétaire.

TABLE

DES MATIÈRES.

www.ingramcontent.com/pod-product-compliance
Ingram Content Group UK Ltd.
Pitfield, Milton Keynes, MK11 3LW, UK
UKHW021119260726
13994UKWH00002B/942

9 782329 444765